Mes Essentiels

LA GÉOLOGIE

S'initier simplement aux secrets de la Terre

AF680686

Valentin Carayol

Collection : **MES ESSENTIELS**
Titre : ***La Géologie***
Sous-titre : *S'initier simplement aux secrets de la Terre*
Auteur : Valentin Carayol
Editeur : Editions Mes Essentiels - Valentin Carayol

© juin 2025 Valentin Carayol
Tous droits réservés.

Aucune partie de ce livre ne peut être reproduite, stockée dans un système de récupération ou transmise sous quelque forme ou par quelque moyen que ce soit, électronique, mécanique, photocopie, enregistrement ou autre, sans l'autorisation écrite préalable de l'auteur.

Illustrations : Valentin Carayol
Mise en page : Valentin Carayol
Première édition : Juillet 2025

ISBN : 979-10-978070-0-9
Dépôt légal : Juillet 2025

Sommaire

MES ESSENTIELS - LA GÉOLOGIE

AVANT-PROPOS

La collection *Mes Essentiels* rassemble des ouvrages autour de mes passions personnelles. Chaque volume est dédié à un domaine qui m'émerveille, me questionne ou m'accompagne depuis longtemps. Outre les sujets concernant la musique, ce sont des livres d'amateur, dans le sens noble du terme : *celui qui aime*.

Ce présent ouvrage, consacré à la géologie, reflète une passion personnelle que je cultive avec grande curiosité.

En 2013, j'ai cofondé l'*Association des Géologues du Centre-Loire*. Avec elle, j'ai contribué à la création de la *Maison de la Géologie Yves Coppens*, un musée situé en région Centre-Val de Loire. Ce projet a eu l'honneur d'être parrainé par l'illustre paléontologue Yves Coppens lui-même.

À travers cette collection, je propose une approche simple, accessible et ludique.

Tout commence sous nos pieds. Pourtant, nous les regardons rarement. Ce sol que nous foulons est une archive immense, un livre à ciel ouvert.

V. Carayol à côté d'une empreinte de dinosaure. Staffin, Écosse

Comprendre la Terre, c'est d'abord comprendre qu'elle n'est ni figée, ni simple. C'est un monde en mouvement, bâti par le feu, la glace, l'eau et le temps.

Ce livre n'est pas un manuel de science, mais un guide. Un guide pour celles et ceux qui, en balade, devant une montagne ou un caillou, se posent une question simple : "Qu'est-ce que je regarde ?"

Bienvenue dans un voyage fascinant à travers le temps et la matière. La géologie n'est pas réservée aux experts : elle appartient à toutes celles et ceux qui aiment observer, comprendre, raconter.

Valentin Carayol

CHAPITRE I

LA TERRE COMME UNE ENQUÊTE

La géologie n'est pas seulement une science. C'est une manière d'ouvrir les yeux sur ce qui nous entoure. Un art de lire les paysages comme on lirait un grand livre ouvert, écrit en roches, en strates, en fractures, en plis. Une montagne n'est pas seulement un sommet, c'est un soulèvement, un choc, une mémoire. Une falaise n'est pas un simple mur, c'est une bibliothèque verticale.

L'observation comme point de départ

Le géologue, qu'il soit professionnel ou amateur, commence toujours par observer. Il regarde une couleur, une texture, une forme. Il s'interroge : d'où vient cette roche ? Pourquoi cette couche est-elle inclinée ? Ce galet roulé vient-il de loin ?

Cela commence souvent par une promenade. On lève les yeux sur une paroi, on s'accroupit devant une pierre. Petit à petit, le monde prend du relief. Littéralement.

Une science du terrain

Loin des laboratoires blancs, la géologie se pratique souvent les pieds dans la boue. Le terrain est roi. On y découvre l'inattendu, on y vérifie les hypothèses. Le carnet de notes est plus important que le clavier. Le regard plus utile qu'un microscope (au début du moins).

L'amateur de géologie apprend vite à reconnaître les indices : des fossiles encastrés dans un calcaire, des strates parallèles bien dessinées, des cassures nettes dans une paroi. Il apprend à douter aussi, car la nature est pleine de pièges — certaines roches aiment se déguiser.

Ce que la géologie nous apprend

La géologie permet de :

- Comprendre la dynamique de la Terre et de ses mouvements passés et présents.
- Lire dans la forme d'un paysage une longue suite d'événements invisibles.
- Identifier les roches, leurs histoires, leurs origines.
- Saisir l'échelle immense du temps géologique.

Elle révèle aussi notre propre petitesse, mais sans pessimisme. Elle nous replace dans le fil d'une histoire plus vaste, celle de la planète. Ce que nous appelons aujourd'hui « nature » n'est qu'une photographie éphémère d'un film en cours.

L'importance du doute et de la méthode

Comme toute science, la géologie progresse par hypothèses, vérifications, erreurs parfois. On pensait pendant longtemps que les continents étaient fixes. On sait aujourd'hui qu'ils dérivent. On croyait la Terre jeune, on a compris qu'elle avait plus de 4,5 milliards d'années.
Rien n'est figé. Pas même nos certitudes. Et c'est cela qui rend cette discipline passionnante : elle invite à la vigilance, à la curiosité, à l'humilité.

Une passion accessible

Pas besoin d'un diplôme pour commencer. La géologie est l'une des rares sciences que l'on peut pratiquer en amateur éclairé. Un bon livre, quelques sorties, un œil attentif suffisent pour faire ses premières découvertes. Et chaque trouvaille, même modeste, est une rencontre avec le passé.

Anecdote

Dans les vignes de Sancerre, on peut trouver un fossile marin au beau milieu d'un rang de Sauvignon. Non, ce n'est pas une livraison ratée de fruits de mer! C'est la mémoire d'une mer qui recouvrait la région il y a des millions d'années. Une petite leçon d'histoire naturelle, discrètement glissée sous nos pieds — ou dans nos verres.

CHAPITRE II

LE COEUR VIVANT DE LA PLANÈTE

Une structure en couches

Notre planète est formée de plusieurs enveloppes, chacune ayant ses propres caractéristiques physiques, chimiques et dynamiques. On les distingue par leur composition et leur état physique (solide, liquide, visqueux).

1. La croûte : C'est la couche la plus superficielle, fine et solide. Elle mesure en moyenne 35 km d'épaisseur sous les continents et 7 km sous les océans. C'est là que nous vivons. Elle est composée essentiellement de roches légères (granite, basalte).

2. Le manteau : En dessous, le manteau s'étend sur près de 2 900 km de profondeur. Il est solide mais peut se déformer lentement à très haute température. On y trouve des roches magmatiques comme la péridotite. Ce manteau est animé par des mouvements de convection qui entraînent les plaques tectoniques.

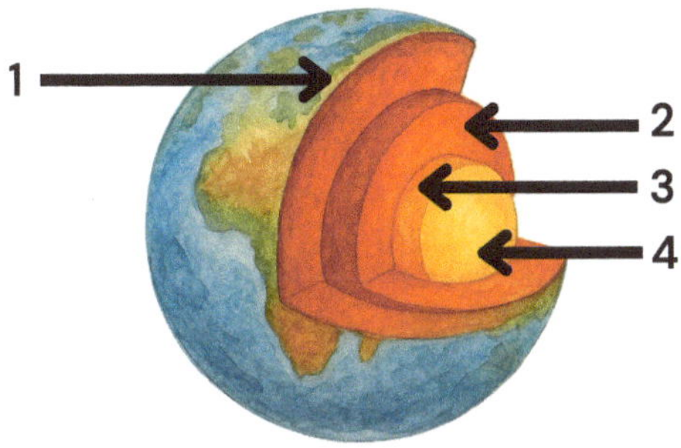

3. Le noyau externe : Il est liquide, composé principalement de fer et de nickel fondus. C'est ce noyau en mouvement qui génère le champ magnétique terrestre.

4. Le noyau interne : Bien qu'il soit encore plus chaud, le noyau interne est solide, comprimé par la pression immense exercée par les couches supérieures. Il est également composé de fer et de nickel.

Le noyau et la boussole : sans le noyau externe liquide, notre planète ne posséderait pas de champ magnétique. Sans champ magnétique, pas de boussole fiable, mais surtout... aucune protection contre les vents solaires. Nous serions littéralement grillés. Voilà une bonne raison de remercier cette boule de métal fondue au cœur de la planète.

Le moteur des continents : la tectonique des plaques

La découverte de la tectonique des plaques, dans la seconde moitié du XXe siècle, a révolutionné la géologie. Elle a permis d'unifier des phénomènes longtemps étudiés séparément : séismes, volcans, chaînes de montagnes, dérive des continents.

Les plaques lithosphériques

La croûte terrestre et la partie supérieure du manteau forment ensemble la lithosphère. Cette enveloppe rigide est découpée en une douzaine de plaques principales (et plusieurs plaques secondaires). Ces plaques « flottent » sur l'asthénosphère, une partie du manteau plus souple.

Ces plaques se déplacent de quelques centimètres par an. Cela paraît peu, mais à l'échelle de millions d'années, les continents voyagent ! L'Afrique se rapproche lentement de l'Europe, l'Amérique s'éloigne de l'Afrique, l'Inde a percuté l'Asie (formant l'Himalaya).

Trois types de frontières

1.Les frontières divergentes : les plaques s'éloignent (ex : dorsale médio-atlantique)

2.Les frontières convergentes : elles se rapprochent et entrent en collision (ex : Alpes, Himalaya)

3.Les frontières transformantes : elles glissent l'une contre l'autre (ex : faille de San Andreas)

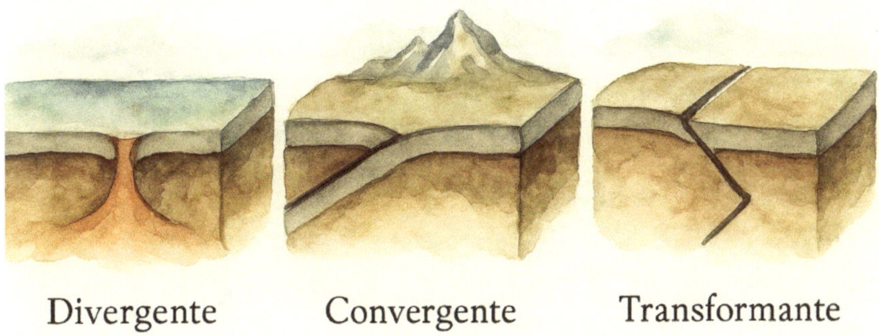

Observation guidée : prenez une carte des plaques tectoniques du globe. Repérez où se situent les principales chaînes de montagnes, les volcans actifs et les grandes zones sismiques. Vous verrez qu'ils suivent presque parfaitement les bordures de plaques. Rien n'est laissé au hasard.

Une planète en perpétuel mouvement

On pense souvent que la Terre est stable et fixe. Mais c'est faux. Chaque jour, des plaques se déplacent, des failles s'activent, des volcans frémissent. Ces mouvements sont généralement imperceptibles à l'échelle humaine, mais leurs effets sont majeurs sur le long terme :

- Les continents dérivent (quelques centimètres par an).
- Des chaînes de montagnes s'élèvent, lentement mais sûrement.
- Des océans s'ouvrent ou se referment.
- Des séismes et des éruptions redessinent la surface terrestre.

La géologie nous montre que la Terre n'a jamais été immobile. Elle est, depuis 4,5 milliards d'années, en constante évolution.

Un exemple à méditer ; le Mont Everest, plus haut sommet du monde, continue de s'élever de quelques millimètres chaque année. À défaut de devenir plus accessible, il devient plus haut.

Ce que cela change pour nous

Comprendre la dynamique interne de la Terre, ce n'est pas qu'une affaire de chercheurs. Cela concerne aussi :

- La prévention des risques : anticiper les zones à risque sismique ou volcanique;
- La recherche de ressources : pétrole, gaz, minerais se forment et se déplacent grâce à ces processus;
- La compréhension du climat : la répartition des continents influence les courants océaniques, donc les climats.

Petit exercice de terrain

Regardez autour de vous lors de votre prochaine promenade :

- Observez les formes du relief : sont-elles pointues, arrondies, étagées ?
- Y a-t-il des failles visibles, des couches inclinées ?
- Le paysage pourrait-il être le résultat d'un soulèvement ou d'une dépression ?

Notez vos observations dans un carnet.
Faites l'hypothèse de l'histoire géologique du lieu. Même si elle est imparfaite, cette hypothèse vous fera voir le paysage autrement.

Portrait express : Alfred Wegener, le visionnaire

« La science progresse par opposition. Les idées nouvelles doivent heurter. »
A. Wegener

Impossible de parler du mouvement des continents sans évoquer Alfred Wegener. Cet Allemand, météorologue de formation, est l'un des premiers à avoir proposé, en 1912, que les continents dérivent. Il avait observé la complémentarité étonnante des côtes de l'Afrique et de l'Amérique du Sud, mais aussi la similitude des fossiles de part et d'autre de l'Atlantique.
À son époque, il fut raillé, critiqué, et même écarté par une partie de la communauté scientifique. Ce n'est qu'après sa mort que sa théorie fut reconnue, grâce notamment à la découverte des fonds océaniques et de la tectonique des plaques.

Vocabulaire essentiel

- **Isostasie** : principe selon lequel la lithosphère flotte sur l'asthénosphère, comme des glaçons sur un verre d'eau.

- **Asthénosphère** : couche du manteau sur laquelle reposent les plaques.

- **Subduction** : lorsqu'une plaque glisse sous une autre (rien à voir avec un sandwich).

- **Rift** : zone d'étirement de la croûte, où la lithosphère se fracture.

À retenir

Le cœur de la Terre bat lentement, mais puissamment. Il façonne les continents, soulève les montagnes, alimente les volcans. En comprendre la mécanique, même de manière simple, c'est déjà mieux comprendre le monde dans lequel nous vivons — et celui que nous laisserons après nous.

CHAPITRE III

LES ROCHES, MÉMOIRES DE PIERRE

Il suffit de ramasser un caillou pour entrer dans le temps long. Une roche n'est jamais banale : elle est le résultat d'une transformation, souvent lente, toujours significative. Comprendre les roches, c'est apprendre à reconnaître les processus géologiques à l'œuvre, mais aussi à identifier les matériaux qui composent notre planète.

Trois grandes familles de roches :

Les roches sont classées selon leur origine en trois grandes catégories : magmatiques, sédimentaires et métamorphiques.
Ce classement simple est la porte d'entrée vers une meilleure compréhension des cycles géologiques.

1.Roches magmatiques (ou ignées)

Elles proviennent de la solidification d'un magma. Si ce magma refroidit en profondeur, on obtient une roche à gros grains, comme le granite. Si le refroidissement est rapide, en surface, on obtient une roche à grains fins, comme le basalte.

- **Granite** : roche claire, grenue, riche en quartz, mica et feldspath.

- **Basalte** : roche sombre, dense, formée par les laves des volcans effusifs.

2.Roches sédimentaires

Elles résultent de l'accumulation de débris (sédiments) transportés par l'eau, le vent ou la glace. Ces sédiments se déposent en couches, se compactent, se cimentent. On y trouve souvent des fossiles.

- **Calcaire :** formé à partir de coquillages, coraux, etc.

- **Grès :** composé de grains de sable consolidés.

Les archives naturelles : les roches sédimentaires sont précieuses pour les géologues : elles gardent la mémoire des climats, de la vie, des événements géologiques. Chaque strate est une page du passé.

3. Roches métamorphiques

Elles sont issues de la transformation d'une roche préexistante sous l'effet de la chaleur et/ou de la pression. Elles présentent souvent des structures feuilletées ou cristallines.

- **Schiste :** dérivé d'argiles, souvent feuilleté.

- **Marbre :** issu de la transformation du calcaire, utilisé en sculpture.

Le cycle des roches

Les roches ne sont pas figées. Elles circulent, se transforment, changent d'état, passent d'un type à un autre selon les conditions.

C'est **le cycle géologique** :

Magma → roche magmatique → érosion → sédiments → roche sédimentaire → pression/température → roche métamorphique → fusion → magma.

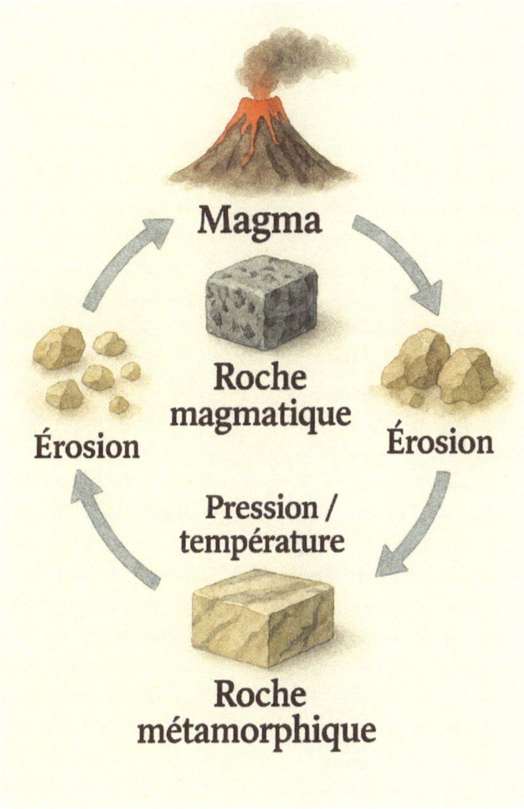

Observation guidée : Lors de votre prochaine sortie, ramassez quelques pierres très différentes. Essayez d'en déterminer l'origine en observant leur texture, leur dureté, leur couleur.

Identifier les minéraux

Une roche est un assemblage de minéraux. Savoir reconnaître les plus courants permet déjà beaucoup :

1. Quartz : translucide ou blanc, très dur.

2. Feldspath : opaque, souvent rose ou blanc.

3. Mica : se présente en feuillets brillants.

1 2 3

Petit test : prenez une loupe. Observez un granite. Vous verrez trois éléments : le quartz (transparent), le feldspath (rosé ou blanc), et le mica (noir ou brillant). Trois minéraux, une roche.

Ce que nous révèlent les roches

Les roches racontent :

- Le lieu où elles se sont formées (océan, volcan, montagne...)
- Le temps qu'il a fallu (des milliers à des millions d'années)
- Les conditions physiques qu'elles ont traversées

Même une pierre banale peut avoir connu un parcours spectaculaire.

Activité pratique : constituer sa collection

Commencez une petite collection de roches locales. Pour chaque échantillon, notez :

- Le lieu précis de la découverte
- Sa couleur, texture, dureté (essayez de la rayer avec une pièce)
- Hypothèse sur son origine (sédimentaire ? volcanique ? métamorphique ?)

Glissez chaque échantillon dans une boîte étiquetée. Une collection de roches devient très vite une collection d'histoires.

Anecdote

Dans certaines carrières abandonnées du Berry, il n'est pas rare de trouver du calcaire contenant des fossiles parfaitement conservés : ammonites, oursins, bivalves… Ces pierres banales au premier regard sont des capsules temporelles, venues d'un fond marin vieux de 150 millions d'années. De quoi relativiser l'âge d'un mur en pierre sèche.

À retenir

Comprendre les roches, c'est donner du sens à ce que l'on foule chaque jour. C'est aussi apprendre à reconnaître la diversité, la richesse, la logique interne des paysages. Une promenade n'est plus tout à fait la même quand on sait que sous chaque pas repose une histoire de feu, d'eau ou de pression silencieuse. La Terre parle. À nous de l'écouter, roche après roche. Notre planète façonne les continents, soulève les montagnes, alimente les volcans. En comprendre la mécanique, même de manière simple, c'est déjà mieux comprendre le monde dans lequel nous vivons — et celui que nous laisserons après nous.

CHAPITRE IV

UNE ECHELLE DE TEMPS VERTIGINEUSE

On a tendance à mesurer le temps à l'échelle de notre vie : jours, années, décennies. Mais la Terre, elle, compte en millions, voire en milliards d'années. C'est ce qu'on appelle le temps géologique. Un temps lent, profond, presque inimaginable. Et pourtant, ce temps est inscrit dans les roches, dans les strates, dans les fossiles. C'est la mémoire longue de notre planète.

L'échelle des temps géologiques

Pour mieux comprendre la succession des événements terrestres, les géologues ont divisé l'histoire de la Terre en ères, périodes et époques. Chaque étape correspond à de grands changements : apparition ou extinction d'espèces, bouleversements climatiques, formation de continents.

Une horloge de la Terre : imaginez que l'histoire de la Terre tienne dans une journée de 24 h. Les dinosaures apparaissent à 22 h 48, l'Homme moderne à 23 h 59… et l'ère industrielle dans les dernières secondes.

Voici les grandes ères (avec leur appellation traditionnelle entre parenthèses) :

- **Précambrien** (pas d'équivalent traditionnel, mais parfois appelé « ère archéenne ») (de -4,5 milliards à -540 millions d'années) : apparition des premières formes de vie, essentiellement unicellulaires.

- **Paléozoïque** (ère primaire) (de -540 à -250 millions d'années) : explosion de la vie marine, premiers vertébrés, plantes terrestres.

- **Mésozoïque** (ère secondaire) (de -250 à -66 millions d'années) : l'âge des dinosaures, apparition des oiseaux, grandes extinctions.

- **Cénozoïque** (comprend les périodes du Paléogène et du Néogène, anciennement regroupées sous le terme « tertiaire ») (de -66 à -2,6 millions d'années) : développement des mammifères, apparition des primates et diversification des espèces.

- **Quaternaire** (période la plus récente du Cénozoïque) (de -2,6 millions d'années à aujourd'hui) : apparition de l'Homme moderne, périodes glaciaires, et grands changements climatiques.

Pourquoi chaque ère a une couleur ?

L'échelle des temps géologiques utilise des couleurs pour aider à mieux repérer les différentes périodes. Ce n'est pas arbitraire : c'est une convention internationale utilisée par les géologues du monde entier.

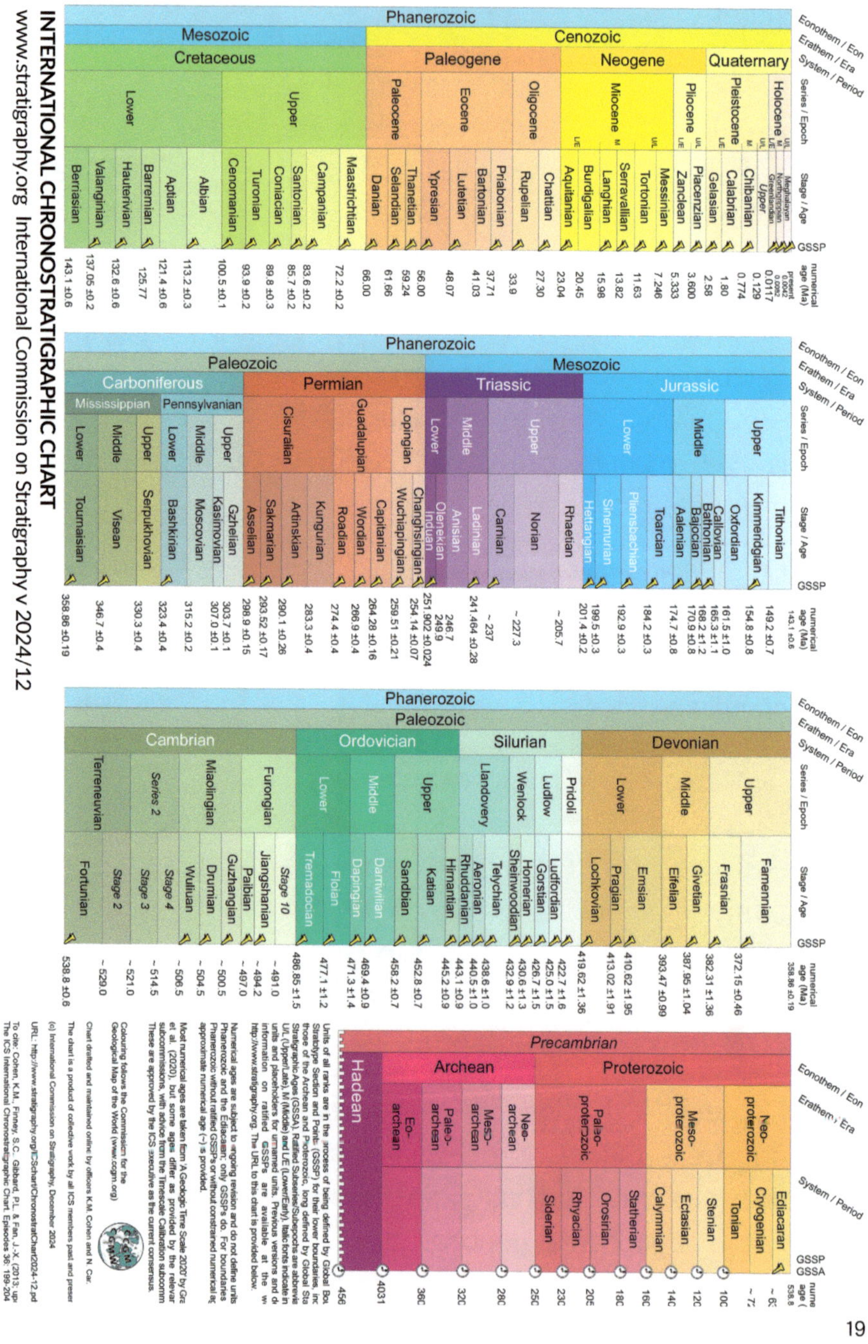

Lire le temps dans les couches

Non, on ne parle pas des couches pour bébés ! Les roches sédimentaires se déposent bien en couches superposées. La couche la plus ancienne est en bas, la plus récente en haut (le plus souvent). C'est le **principe de superposition.** En étudiant ces couches, les géologues peuvent reconstituer l'ordre des événements géologiques.

Chaque strate raconte quelque chose : un climat, un milieu de dépôt, un type de vie. Les variations de couleur, d'épaisseur, de composition sont autant d'indices.

Les fossiles, témoins du passé *

Un fossile est un reste ou une trace d'organisme vivant, conservé dans un milieu naturel (roche, glace, ambre, tourbe...), généralement par minéralisation, au cours de plusieurs milliers ou millions d'années. On trouve des coquillages, des dents, des os, des empreintes de feuilles, voire même parfois des excréments fossilisés (coprolithes).

Certains fossiles sont dits fossiles guides (ou stratigraphiques) : ils ont existé à une époque précise, dans un grand nombre d'environnements. Leur présence permet de dater une couche avec fiabilité.

Types de fossiles :

- Moule externe : empreinte laissée dans la roche.
- Moule interne : remplissage de l'intérieur de l'organisme.
- Fossile complet : restes minéralisés de l'organisme.

*Pour en savoir plus, lire **MES ESSENTIELS - *La Paléontologie*** de Valentin Carayol

Portrait express – Mary Anning (1799–1847) : Anglaise autodidacte, elle découvrit des fossiles marins spectaculaires sur les côtes du Dorset. Son travail, longtemps ignoré parce qu'elle était une femme et non universitaire, fut crucial pour comprendre les ères anciennes.

L'outil de datation

Les géologues utilisent plusieurs méthodes pour dater les roches :

- **Datation relative** : observer la position des couches les unes par rapport aux autres.
- **Datation absolue** : mesurer la désintégration d'éléments radioactifs (comme le carbone 14 ou l'uranium).

Ces techniques permettent de donner un âge précis à une roche ou à un fossile.

Anecdote

À Digne-les-Bains, dans les Alpes-de-Haute-Provence, se trouve un site unique en Europe : la Dalle aux ammonites. Sur plus de 300 m^2 de roche calcaire, on peut observer près de 1 500 fossiles d'ammonites parfaitement conservés, figés dans la pierre depuis environ 200 millions d'années. Ces anciennes créatures marines, proches cousines des calmars actuels, reposent aujourd'hui en pleine montagne, rappelant que cette région était autrefois recouverte par une mer chaude. Un livre de pierre à ciel ouvert, impressionnant autant par sa taille que par son âge.

À retenir

Le temps géologique est immense. Il dépasse nos repères humains, mais il est essentiel à la compréhension du monde. Chaque roche, chaque fossile, chaque couche raconte une partie de cette grande histoire. En prenant conscience de cette échelle, nous nous reconnectons à la Terre dans sa profondeur. Et peut-être, aussi, à notre propre fragilité dans le grand récit du vivant.

CHAPITRE V

LES FORCES QUI BOULEVERSENT

Sous nos pieds, la Terre est en mouvement. Parfois lent et imperceptible. Parfois brutal et spectaculaire. Séismes, volcans, tsunamis : ces phénomènes naturels impressionnent autant qu'ils inquiètent. Mais ils ne sont pas des caprices : ils sont le résultat de mécanismes géologiques bien identifiés.

Les séismes : la Terre en tension

Un séisme se produit lorsque des blocs de roche en profondeur accumulent une tension, puis la relâchent brusquement. Ce relâchement libère une énergie qui se propage sous forme d'ondes. C'est ce que nous ressentons à la surface : une secousse plus ou moins violente.
L'endroit où la rupture se produit est appelé foyer ou hypocentre. Le point à la surface situé à la verticale du foyer s'appelle l'épicentre.

Le saviez-vous ? Les séismes sont fréquents… mais la plupart sont trop faibles pour être ressentis. Des milliers se produisent chaque jour dans le monde.

Les volcans : soupapes de la planète

Un volcan est une ouverture dans la croûte terrestre par laquelle le magma (roche fondue) peut s'échapper. On distingue :

- les volcans effusifs, à lave fluide, comme ceux d'Islande ou d'Hawaï ;
- les volcans explosifs, à lave visqueuse, comme le Vésuve.

Les éruptions volcaniques peuvent modeler un paysage entier, fertiliser les sols… ou dévaster des régions entières.

Observation guidée : cherche une carte mondiale des volcans. Tu remarqueras qu'ils se situent souvent aux frontières des plaques tectoniques. Rien de surprenant : c'est là que la croûte est la plus fragile.

Tsunamis : vagues géantes d'origine géologique

Un tsunami n'est pas une vague provoquée par le vent. C'est une onde générée le plus souvent par un séisme sous-marin, une éruption, voire un glissement de terrain. En haute mer, la vague est invisible. En arrivant sur les côtes, elle devient redoutable.

Pourquoi ces phénomènes ?

Tous ces événements — séismes, volcans, tsunamis — sont les manifestations visibles de la tectonique des plaques. Ils témoignent de la vitalité de notre planète. Ce sont les conséquences naturelles de la dynamique interne de la Terre.

Prévoir l'imprévisible : les séismes sont encore très difficiles à prédire. Mais grâce aux données accumulées, on peut aujourd'hui identifier les zones à risque et renforcer les constructions pour mieux y résister.

À retenir

Les phénomènes que nous qualifions de catastrophiques — séismes, éruptions volcaniques, tsunamis — sont les manifestations visibles de dynamiques internes profondes. Ils résultent de l'accumulation et de la libération d'énergie au sein de la lithosphère. Ces processus, bien que parfois destructeurs, sont essentiels à l'évolution de la planète : ils façonnent les reliefs, régénèrent la croûte, redistribuent les matériaux. Comprendre ces mécanismes, c'est replacer l'humain dans le cadre plus vaste des équilibres géologiques, et reconnaître que la stabilité apparente de la Terre repose sur un perpétuel mouvement.

CHAPITRE VI

SCULPTURES NATURELLES

Si la Terre avait un musée, ses œuvres d'art ne seraient pas accrochées à des murs, mais gravées dans la pierre, modelées dans les falaises, taillées par le vent et polies par l'eau. C'est cela, la géologie sculpturale. Un patient travail de millions d'années pour façonner des formes étonnantes, parfois étranges, souvent spectaculaires.
On oublie souvent que les paysages sont des œuvres dynamiques, issues d'une chorégraphie lente entre les roches, le climat, l'eau et le temps.

L'érosion : le sculpteur invisible

Le vent, la pluie, le gel, le soleil, la végétation : tous participent à l'érosion, cette usure progressive de la surface terrestre. Mais loin de tout détruire, l'érosion façonne. Elle creuse les vallées, sculpte les arches naturelles, aiguise les aiguilles rocheuses.
Chaque type de roche réagit différemment : le granite résiste là où le calcaire s'efface. C'est ainsi que naissent des paysages contrastés, comme les chaos granitiques de Huelgoat ou les falaises blanches d'Étretat.

La force de l'eau : Une simple goutte d'eau, répétée des milliards de fois, peut venir à bout d'une montagne. L'eau dissout, pénètre, gèle, fracture. Elle est à l'origine de grottes, de gorges, de ponts naturels. Elle est aussi capable de sculpter le sous-sol, comme dans les karsts, où se forment les fameuses stalactites et stalagmites.

Des formes étonnantes

La nature semble parfois s'amuser avec la géométrie et la pesanteur. Certaines roches prennent des allures humaines, animales, voire surréalistes. On les appelle souvent "rochers à légendes", car leurs formes étranges ont nourri l'imaginaire populaire.

Les colonnes basaltiques, comme celles de la Chaussée des Géants en Irlande, montrent que même les volcans peuvent dessiner des motifs artistiques — en l'occurrence, des prismes hexagonaux quasi parfaits.

D'autres curiosités célèbres :

- Les cheminées de fées dans les Alpes ou en Cappadoce.
- Les arches naturelles de Provence ou de l'Utah.
- Les orgues volcaniques, faites de laves figées.

Cheminées de fées

Les arches naturelles

les orgues volcaniques

Curiosité : près de Montpellier, à Mourèze, un chaos rocheux forme un véritable labyrinthe de sculptures naturelles. Certaines ressemblent à des visages, des statues, ou des créatures fantastiques. Les géologues y voient l'œuvre de l'érosion, les poètes y voient des chimères pétrifiées.

Quand la biologie s'en mêle

Les êtres vivants participent aussi à la sculpture du paysage. Les racines fendent les roches, les lichens les colonisent, les coquillages édifient des falaises calcaires… Même les micro-organismes marins, sur des millions d'années, peuvent construire des formations colossales comme les récifs coralliens fossilisés.

Les traces de vie passée (stromatolithes, fossiles encastrés) deviennent elles-mêmes des éléments de décor géologique.

Stromatolithes (ci-contre)
Structures sédimentaires en couches formées par l'activité de cyanobactéries, témoins de certaines des plus anciennes formes de vie sur Terre.

À retenir

Ce qu'il a fallu des millions d'années à façonner peut être détruit en quelques décennies. Certaines formes spectaculaires s'effondrent à cause des vibrations humaines, du réchauffement climatique ou simplement… de la curiosité excessive des touristes.

Préserver ces merveilles naturelles, c'est aussi protéger notre mémoire et patrimoine géologique. Ces sculptures racontent une histoire : celle d'une Terre vivante, créative, changeante.

CHAPITRE VII

RESSOURCES, LIMITES ET ENJEUX

La Terre est généreuse. Depuis des millénaires, l'humanité puise dans ses entrailles pour y trouver les ressources nécessaires à son développement : pierres, métaux, combustibles, eau, sols fertiles... Ces trésors géologiques ont permis les grandes civilisations, les révolutions industrielles, l'explosion technologique. Sans cuivre, pas d'électricité. Sans charbon ou pétrole, pas de moteur. Sans roches phosphatées, pas d'agriculture intensive. Mais cette abondance n'est pas sans limites.

Les ressources minérales

Fer, aluminium, or, cuivre, lithium... Ces minéraux sont extraits des roches dans le monde entier. Certains sont abondants, d'autres extrêmement rares. Leurs gisements ne se renouvellent pas à l'échelle humaine. La géologie nous apprend à localiser ces ressources, mais aussi à comprendre leur formation et leur rareté.

Le paradoxe du smartphone : un smartphone contient près de 60 éléments chimiques, dont plusieurs terres rares extraites à grands frais de gisements fragiles. Il symbolise notre dépendance à des ressources invisibles mais indispensables.

Les énergies du sous-sol

Charbon, pétrole, gaz : ces énergies fossiles proviennent de la lente décomposition de matières organiques enfouies et transformées pendant des millions d'années. Elles représentent des stocks finis, et leur extraction a un impact majeur sur l'environnement.

Mais la géologie, c'est aussi l'énergie renouvelable : géothermie, stockage du CO_2 dans les couches profondes, recherche de matériaux durables…

La géologie ne sculpte pas seulement les paysages : elle alimente aussi notre quotidien.

Sous nos pieds, la Terre cache d'immenses ressources énergétiques :

- Le pétrole et le gaz : issus de la décomposition d'organismes anciens, enfouis et transformés sous pression.
- Le charbon : formé dans les marécages du passé, à partir de végétaux compactés.
- L'uranium : un minerai radioactif utilisé dans les centrales nucléaires.
- La géothermie : exploite la chaleur naturelle du sous-sol pour produire chauffage et électricité.

La géologie et l'agriculture

Les sols agricoles sont directement issus de l'altération des roches. Une terre fertile, riche en minéraux, dépend de la roche-mère en profondeur. Ainsi :

- les sols calcaires sont bons pour la vigne,
- les sols volcaniques sont très fertiles grâce à leurs minéraux,
- les alluvions déposées par les rivières sont propices aux cultures maraîchères.

Observer la géologie, c'est comprendre pourquoi certaines régions sont viticoles, d'autres céréalières, d'autres boisées.

Saviez-vous que... ? Le sel que vous utilisez chaque jour est une roche. Le sel gemme, extrait de gisements souterrains, est formé par l'évaporation d'anciennes mers fermées.

L'eau : une ressource géologique

On l'oublie souvent, mais l'eau que nous buvons vient aussi du sous-sol. Les nappes phréatiques circulent entre les roches perméables, filtrées, stockées, régulées par des structures géologiques complexes. Leur gestion durable est essentielle, car ces réservoirs sont parfois lents à se recharger.

Le karst, château d'eau naturel : les régions calcaires, comme les Causses ou le Jura, abritent des réseaux souterrains spectaculaires. Gorges, grottes, sources jaillissantes : le karst est un formidable système de captation et de redistribution de l'eau.

Des limites à respecter

En extrayant trop vite, trop fort, ou sans discernement, on épuise les ressources. On altère les paysages, on pollue les nappes, on provoque parfois des effondrements ou des déséquilibres (comme l'induction sismique liée à certains forages).

La géologie invite à l'humilité : chaque ressource a une histoire, un cycle, un temps. Et ces temps ne sont pas les nôtres.

Préserver notre patrimoine géologique

Chaque falaise, chaque affleurement rocheux, chaque fossile est un livre ouvert sur l'histoire de la Terre. Pourtant, ce patrimoine, souvent méconnu, est aussi fragile que précieux.

Il peut être détruit en quelques coups de pioche, dissimulé sous du béton, ou dispersé par méconnaissance.

Préserver la géologie, ce n'est pas seulement interdire ou figer : c'est apprendre à regarder autrement. C'est respecter les sites remarquables, ne pas prélever sans nécessité, signaler les découvertes, et transmettre ce respect aux plus jeunes.

Comme on protège une cathédrale ou une œuvre d'art, il nous revient de veiller sur ces témoins silencieux du temps. Car sans eux, c'est notre mémoire terrestre qui s'efface.

À retenir

Les ressources géologiques, formées sur des millions d'années, sont finies et fragiles. Leur exploitation, trop rapide ou mal contrôlée, peut avoir des conséquences irréversibles. Certaines ressources sont essentielles à notre mode de vie, mais leur extraction doit respecter les cycles naturels.

CHAPITRE VIII

GÉOLOGUE DU QUOTIDIEN

Quand on pense géologie, on imagine souvent de grandes expéditions, des cartes complexes, des laboratoires poussiéreux ou des falaises abruptes battues par le vent. Pourtant, la géologie n'est pas qu'une affaire de scientifiques en bottes. Elle est partout, tout le temps, sous nos pieds, dans nos murs, sur nos plages, sur les routes, dans nos villes et jusque dans notre salle de bain.
Ce chapitre est une invitation à porter un nouveau regard sur votre environnement immédiat. Vous allez découvrir que la géologie se cache dans les objets les plus banals et les paysages les plus familiers.

Le bitume, les pavés, les trottoirs : une géologie urbaine

Regardez sous vos pieds en marchant en ville. Les pavés parisiens ? Ce sont souvent des blocs de granit ou de basalte, venus parfois de Bretagne, parfois même importés autrefois de Norvège. Le trottoir, c'est du béton, donc un mélange de sable, de gravier (roches concassées) et de ciment (calcaire cuit). Chaque pas est une traversée de millions d'années de processus géologiques réduits en poussière, moulés, coulés, polis.

Même l'asphalte des routes contient du bitume, un hydrocarbure naturel ou synthétique, issu de la transformation de matière organique ancienne. Autrement dit : vous roulez sur d'anciens êtres vivants compressés et fossilisés.

Votre maison : construite sur et avec la géologie

Les briques de votre maison ? De l'argile cuite. Le plâtre sur vos murs ? Du gypse, évaporite d'une mer ancienne. Les carreaux de votre salle de bain ? Du grès ou du marbre, selon vos goûts. Les peintures murales peuvent contenir des pigments minéraux : l'ocre vient du fer, le bleu outremer du lapis-lazuli.

Vos murs racontent une histoire géologique. Ils sont littéralement faits de sédiments, de pressions, de températures, d'érosions anciennes.

La cuisine : minéraux et roches dans votre assiette

Vous avez sûrement déjà mangé de la géologie sans le savoir :

- Le sel de table ? Un minéral : halite.
- L'eau gazeuse ? Elle contient du dioxyde de carbone dissous, souvent extrait de sources souterraines volcaniques.
- Le bicarbonate de soude ? Issu de carbonate naturel.
- Certaines argiles sont encore utilisées dans les filtres, les agents de clarification, ou même dans l'enrobage de certains médicaments.

Même vos casseroles ou vos couteaux sont parfois composés d'alliages contenant du fer, du nickel ou du chrome, extraits des entrailles de la Terre.

Le géologue qui lèche les pierres

Ça peut sembler étrange, voire un peu ridicule, mais oui : certains géologues lèchent les pierres. Pas pour le goût — bien qu'on vous laisse juger — mais pour identifier certains minéraux ou sédiments. L'humidité accentue les contrastes de texture ou de couleur et permet parfois de mieux voir les détails. C'est une manière directe, presque instinctive, d'entrer en contact avec la matière. Observer, toucher, humer, parfois même goûter : la géologie engage les sens. Il ne s'agit pas de vénérer les cailloux, mais de renouer avec cette matière brute et ancienne, témoin silencieux de milliards d'années d'histoire.

À retenir

Quand vous aurez compris que le banc du square est en calcaire du Jurassique, que la fontaine de la place centrale est sculptée dans du granite hercynien, que votre dentifrice contient des minéraux… vous ne verrez plus le monde comme avant.

C'est ça, être géologue du quotidien : avoir les yeux grands ouverts, et lire les pages d'un livre de pierre qui se déploie partout autour de nous.

Devenez géologue de boulevard !

Partez dans votre quartier avec un carnet. Notez les matériaux que vous voyez : murs, trottoirs, statues, murets, escaliers. Essayez d'en deviner l'origine géologique. Recherchez ensuite d'où viennent ces pierres : Bretagne? Bourgogne? Italie? Les villes sont des patchworks géologiques, et chaque pierre est un morceau d'histoire de la Terre transporté jusqu'à vous.

CHAPITRE IX

UN MUSÉE PAS COMME LES AUTRES

Une curiosité qui remonte loin

Tout commence souvent par un caillou. Une pierre ramassée, observée, retournée entre les doigts. Une curiosité tenace pour les formes, les strates, les couleurs. Une fascination enfantine, puis plus mature, pour ces témoins muets du temps long. Pour ma part, cette passion a pris racine très tôt, avec la paléontologie, en trouvant un fossile de bivalve autour du lac du Causse à l'âge de 5 ans. Je l'ai toujours !

Bivalve

Puis, après quelques découvertes de fossiles et de structures remarquables dans le Centre-Loire, le besoin de partager s'est imposé naturellement. En 2013, avec mon ami Alexandre Polanowski, nous avons fondé l'Association des Géologues du Centre-Loire. Notre objectif : faire découvrir la richesse géologique locale, humblement, mais avec enthousiasme, en créant un musée de paléontologie, de géologie et de préhistoire !

Je suis compositeur et pianiste classique de métier, comme quoi, même en étant d'un univers différent, l'amateur peut contribuer à la diffusion des sciences !

Des vignes aux roches

Notre première réalisation fut un circuit géologique dans le vignoble du Sancerrois. Nous emmenions les curieux à la découverte des sols sous leurs pieds — ces mêmes sols qui nourrissent les vignes, mais qui sont aussi des pages d'histoire géologique.

Et bientôt, une idée plus ambitieuse a germé : celle de créer un musée de géologie, ancré dans le territoire.

Ce fut notre manière de relier le temps des roches au temps du vin, les sédiments marins aux arômes du terroir. Le succès de ces visites guidées nous a donné confiance.

Sancerre à l'envers donne "recersan" (ressers-en), coïncidence phonétique savoureuse, parfaite pour conclure une dégustation sur les richesses de la Terre et du terroir.
Avec modération, bien sûr !

Une rencontre décisive

En 2019, ce rêve a pris un tournant majeur grâce à une rencontre exceptionnelle : **le professeur Yves Coppens**. Illustre paléontologue, mondialement reconnu pour ses découvertes sur les origines de l'humanité, il a été touché par notre projet. Très vite, des liens d'amitié se sont tissés entre nous.
Lui, breton ; moi, à moitié. Lui, baigné de piano par sa mère pianiste ; moi, pianiste et compositeur de métier. Il s'amusait à me taquiner :
« Mais pourquoi donc un musicien s'intéresse-t-il tant aux fossiles ? »
Il aimait cette étrangeté. Il y voyait sûrement une beauté : celle du lien entre les disciplines, celle d'un regard différent sur le passé. Et surtout, il nous a offert son soutien, son nom, et sa voix.

C'est ainsi qu'est née ***La Maison de la Géologie Yves Coppens***, dans le Berry, et désormais abritée dans la **Tour de Vesvre**.

Ce musée, dont il est devenu le parrain, propose aujourd'hui un parcours accessible à tous, ancré dans le territoire, mais ouvert sur l'immensité du temps géologique. On peut y entendre la voix d'Yves Coppens lui-même, guider les visiteurs à travers les salles, commenter des fossiles, transmettre sa passion du vivant et du passé.

Ce musée est bien plus qu'un lieu d'exposition. Il est la preuve qu'une passion peut se transformer en projet collectif, puis en centre culturel. Il est la trace visible d'un engagement bénévole, d'une curiosité transformée en action.

Et il est aussi la démonstration que la géologie ne remplit pas que les poches de cailloux : elle tisse des liens, elle crée des rencontres, elle donne du sens. Elle nous relie à l'histoire de la Terre, mais aussi à celle des hommes.

CONCLUSION

Le monde sous nos pieds : un voyage sans fin

Ce petit livre ne prétend pas remplacer un traité de géologie, ni une expédition scientifique. Il est simplement né d'un regard curieux posé sur la Terre. Un regard d'amateur, mais passionné. Un regard qui s'émerveille devant un galet, une falaise, un fossile, un paysage sculpté par le temps.

Si vous avez tourné ces pages avec le même appétit de découverte, alors le pari est réussi. Car la géologie n'est pas réservée aux laboratoires ou aux spécialistes : elle est partout. Sous nos pieds, dans les murs de nos maisons, au fond de nos verres, et jusque dans nos histoires.

Observer, comprendre, imaginer, relier les indices : la géologie est une enquête géante qui nous relie au passé profond du monde. Elle apprend la patience, l'humilité, et le goût de la complexité.

J'espère que ce voyage aura éveillé chez vous l'envie d'en savoir plus, de fouiller un peu la Terre et d'ouvrir beaucoup votre curiosité.

Après tout, il suffit parfois d'un caillou bien placé - même dans la chaussure - pour changer notre regard.

À bientôt pour une nouvelle passion de la collection *Mes Essentiels*.

Valentin Carayol

POUR LES CURIEUX

La ***Maison de la Géologie Yves Coppens*** est à visiter à la Tour de Vesvre à Neuvy-Deux-Clochers, dans le Cher, à proximité de Sancerre.

Informations :

geologie-centre-loire.fr

geologiecentreloire@gmail.com

PAGE DE NOTES :

PAGE DE NOTES :

PAGE DE NOTES :

www.ingramcontent.com/pod-product-compliance
Lightning Source LLC
LaVergne TN
LVHW051130210926
848482LV00001B/50
* 9 7 9 1 0 9 7 8 0 7 0 0 9 *